"十二五"水稻机械化高产栽培研究新进展

水稻钵苗精确机插 高产栽培新技术

张洪程 等 编著

U0238308

中国农业出版社

编著人员

张洪程　郭保卫　蒋晓鸿

邓建平　霍中洋　陈厚存

宋云生　戴其根　许　轲

魏海燕　高　辉

前言 QIANYAN

　　培育又大又壮的秧苗进行移栽，是夺取水稻高产的前提。然而，传统的"面朝黄土背朝天"的人工移栽方式是极其艰辛的劳作，人们一直梦寐以求用机械化移栽取而代之，为此进行了艰难的求索。直到20世纪70年代开始试验示范盘育毯状小苗机插技术，才可以说是找到了一条以机械化操作取代人工移栽劳作的有效途径，因为这种现代化栽培方式既方便专业化集中育秧，又能机械化高效率栽插。

　　但是，这种育秧机栽方式也存在一定的局限性，其中较突出的问题是在极大播种密度下，以千万条根缠绕形成的毯苗为移栽秧苗，不仅苗小，而且苗质较弱，加之机械移栽植伤重，大田活棵慢，发苗迟，抑制了壮秆大穗的形成，给水稻高产带来了难度，尤其是季节紧张的多熟制稻区难度更大。为解决这种水稻机械化栽培中存在的技术瓶颈，扬州大学农学院在国家与江苏"粮食丰产科技工程"（2011BAD16B03，BE2012301）、江苏省"农业三新工程"[SXGC（2012）397、SXGC（2013）336]等项目资助下，与常州亚美柯机械设备有限公司、江苏省作物栽培技术指导站、江苏省农机管理局等单位合作，联合研发建立了水稻钵苗精确机插高产栽培新技术。在江苏、安徽、江西等省多地进行试验示

范，表现出多方面的优势：一是利于培育大秧龄的健壮秧苗；二是利于实现机械化精确栽插；三是壮秧无植伤移栽，活棵快，发苗早，利于通过栽培调控，培育足量的壮秆大穗构建高产、超高产群体。因此，各地试验示范都获得显著的增产效果，并在江苏省兴化市创造了我国稻麦两熟制条件下机插水稻最高产。可以毫不夸张地说，通过我们团队的共同努力，研发工作取得了令人振奋的进展：在水稻高产精确定量栽培、大龄多蘖壮秧稀植高产栽培、钵苗抛秧省力增产栽培等坚实的理论基础上，创造性拓建了一条水稻机械化高产、超高产栽培新路径。

为了加快水稻钵苗精确机插高产栽培技术的示范推广，并促进该技术在应用实践中再创新，现将技术成果的实用内容以图文并茂的方式编撰成书，为致力于水稻生产机械化发展的科技人员与勤奋智慧的稻农提供技术参考。

在技术研发与示范过程中，得到了中华人民共和国科学技术部、全国农业技术推广服务中心、江苏省科技厅、江苏省农业委员会、江苏省监狱管理局、江苏省农垦集团有限公司以及农业部水稻专家指导组的有力支持，值此表示衷心感谢！由于水稻钵苗精确机插高产栽培尚属成长型技术，研发与应用都亟待拓展和深化，因此本书存在错误与不足在所难免，诚盼读者不吝赐教，以便在修订时予以充实和改正。

张洪程

2014年1月

目录 MULU

前言

　　加快生产全程机械化是水稻产业现代化的主攻方向，其中移栽机械化是水稻生产机械化的关键。为解决毯苗机插存在秧龄弹性小、秧苗素质弱、移栽植伤重等问题，水稻钵苗机插逐渐被重视和发展。钵苗机插技术是采用水稻钵苗插秧机将壮秧按一定的行距和株距精确地移植于大田的先进技术，不仅可以盘育适当加大秧龄的钵体壮秧，而且可将钵苗几乎无植伤地进行机械高效移栽，利于充分挖掘水稻的高产潜力。日本及我国黑龙江垦区局部地区已有的研发与应用报道均表明，钵苗机插具有明显的增产优

江苏省兴化市甬优2640钵苗机插高产田块

势，但增幅差异较大。2011年以来扬州大学和常州亚美柯机械设备有限公司等单位开展了水稻钵苗机插高产栽培联合攻关，不仅在苏北、苏中、苏南多个试验基地分别进行相关专题研究和连片高产栽培试验示范，同时还在安徽、江西、湖北、四川等多地进行不同种植制度条件下水稻钵苗机插技术示范，均取得了显著的增产效果，与毯苗机插相比，增产幅度为6.2%～15.0%。其中，2013年兴化市103.2亩杂交粳稻钵苗机插超高产精确定量栽培攻关方验收亩产961.2kg，最高田块亩产992.6kg，百亩均产及攻关田最高亩产双双刷新我国稻麦两熟条件下机插水稻高产纪录。

实践表明，培育标准化壮秧是钵苗机插高产栽培的关键之关键，是最基础、最根本、最前提的核心技术。钵苗培育要做到出苗齐、苗均匀、秧身壮与秧龄较长，才能保证以机插提高群体起点质量，进而实现高产和创造超高产。因此，本书重点介绍精确控制播种量、精确化学控制、精确控制水分管理的钵苗育秧流程，同时也扼要地介绍了大田配套高产栽培技术，旨在为钵苗机插水稻的高产示范和推广提供技术指导和参考。

一、水稻钵苗机插高产形成优势

钵苗机插发挥了抛秧秧龄大、苗质好的优势，同时也充分发挥了机械移栽更加精确的功能，植伤轻，栽后活棵发苗快，利于动态地优化群体结构，提高群体生产力，因而是一种有利于水稻高产超高产的机械化栽培方式。

（一）利于培育大龄壮秧

与机插毯状小苗相比，秧龄可长10d左右，叶龄大1～2叶，同时苗质健壮。不仅适于种植生育期稍长的高产品种，也利于水稻及时成熟让茬，确保下茬作物适期播栽，达到多熟协调增产。

钵育壮苗

钵苗　　　　　　　　　毯苗

机插钵苗与机插毯苗（左为钵苗，右为毯苗）

（二）利于精确机插

常州亚美柯机械设备有限公司出品的单人乘2ZB-6（RX-60AM）型钵苗插秧机机插行距33cm，株距从12cm到24cm有7挡可调；双人乘2ZB-6A（RXA-60T）型钵苗插秧机行距也为33cm，株距从12.4cm到28.2cm有18挡可调。可因水稻品种大田适宜密度确定机插穴株距，从而精确定量地建立高质量群体起点。

RX-60AM型（单人乘）高速插秧机株距可调挡次

株距（cm）		12	14	16	18	20	22	24
秧盘数（盘/亩）		37	32	28	25	23	21	19
备用齿轮	后	6	3	3	2	2	5	5
	前	5	2	2	3	3	6	6
转换销	按			●		●		●
	拉	●	●		●		●	

注：苗距在12cm时，无极变速应在中速（0.8m/s）以下使用。
如果不遵守会发生机械损坏和秧盘运行不良等情况。

RXA-60T型（双人乘）高速插秧机株距可调挡次

株距（cm）	12.4	13.2	14.1	13.0	13.8	14.7	14.5	15.5	16.5	15.7	16.8	17.9	20.7	21.9	23.4	24.9	26.5	28.2
每3.3m²种植苗钵数（钵）	83	77	72	77	72	67	72	67	63	63	59	56	48	45	44	40	38	36
秧盘数（盘/亩）	38	35	32	35	32	30	32	30	28	28	27	26	22	21	20	18	18	16
备用齿轮 后	3			3			12			11			5			4		
备用齿轮 前	10			1			11			12			6			8		
转换手柄 前	●			●			●			●			●			●		
转换手柄 中		●			●			●			●			●			●	
转换手柄 后			●			●			●			●			●			●

（三）利于活棵发苗

由于带土钵苗几乎无植伤移栽，不僵苗，无需缓苗，加快了活棵发苗，地下部发根多，地上部利于争取更多的优质分蘖，培育适量的壮秆大穗构建高产群体。

机插当天秧苗状况

机插后15d秧苗活棵状况

钵苗与毯苗抽穗期
植株对比

钵苗与毯苗穗型对比

（四）利于培育适量壮秆大穗，建成良好的群体结构，改善群体生产的安全性

钵苗机插水稻群体通风透光性好，茎秆粗壮，基部各节间抗折力大，群体抗倒伏能力强。单位面积穗数较适宜，每穗粒数多，群体颖花量高，结实率和千粒重较稳定，高产、稳产性好。

钵苗机插水稻茎秆粗壮

钵苗机插水稻高产群体通风透光

（五）利于提高群体有效与高效生长量，构建高光效群体，提高后期物质生产力

钵苗机插水稻有效和高效叶面积率高，抽穗后叶面积衰减率低。生育后期群体光合势大，净同化率高，根系活力强，群体衰老慢，单茎绿叶多，群体光合物质积累多，达到穗数足、穗型大、结实率高、籽粒饱满。

钵苗机插常规粳稻中后期群体光合势大

钵苗机插杂交粳稻中后期群体光合势大

钵苗机插水稻穗型大

二、水稻钵苗机插的机具及其性能

（一）插秧机与配套机具及其基本性能

常州亚美柯机械设备有限公司出品的2ZB-6（RX-60AM）、2ZB-6A（RXA-60T）型钵苗乘坐式高速插秧机，栽插6行，前者为单人乘，后者为双人乘。两种机型行距均为33cm，株距前者为12、14、16、18、20、22、24cm 7挡，后者为12.4、13.0、13.2、13.8、14.1、14.5、14.7、15.5、15.7、16.5、16.8、17.9、20.7、21.9、23.4、24.9、26.5、28.2cm 18挡。

2ZB-6（RX-60AM）型单人乘坐式高速插秧机

2ZB-6A（RXA-60T）型双人乘坐式高速插秧机

其配套的育秧播种机有2BD-300(LSPE-40AM)型、2BD-600(LSPE-60AM)型两种机型，其中2BD-600(LSPE-60AM)型播种机播种速度是前者的两倍。

2BD-300(LSPE-40AM)型播种机

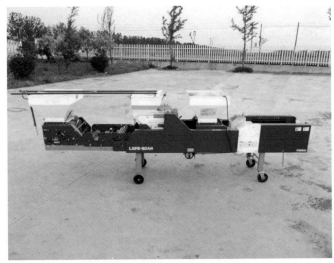

2BD-600(LSPE-60AM)型播种机

与钵苗播种机和钵苗插秧机相配套的D448P 型水稻钵苗育秧盘，标准规格为61.8cm(长)×31.5cm(宽)×2.5cm(高)，每盘448孔，上部孔径1.6cm，底部孔径1.3cm，钵孔底有自由开关"Y"形孔。该秧盘采用工业用改性聚丙烯树脂一次成型，注塑精度高，钵盘光洁、平整，壁厚均匀，柔韧性好。钵苗机插是在D448P 型水稻钵苗育秧盘内进行精量播种、培育壮秧，并将盘秧整体输入插秧机实施精确移栽的。

为方便秧盘与盘秧的搬运，还配套有叉式搬运器、取秧器等。

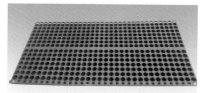

D448P型育秧钵盘

钵孔形状与大小

底部"Y"形孔

叉式搬运器

取秧器

同时配套了电动秧盘洗涤机，可以自动清洗栽完秧苗的秧盘，晾干后收起，下次再用。

电动钵体秧盘洗涤机　　　　　　清洗秧盘

（二）钵苗机插过程

1. 钵苗机插主要过程

盘秧放置在插秧机秧架上，同时必须有三张盘秧放入栽苗台。

栽苗台（A、B处）上待插的秧苗（上为单人乘插秧机，下为双人乘插秧机）

推出棒（C处）把秧盘中秧苗推出秧盘钵孔

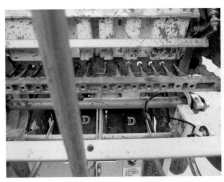

被推顶出的秧苗置于传送带（D处）分到两边

旋转棍（E处）旋转中将秧苗摆植到田间土壤中

钵苗机插精确有序

2.钵苗机插过程的五个步骤

钵苗机插过程可分为"推""接""落""送""插"五个步骤。

推苗棒将秧盘钵孔内秧苗顶出（"推"）

接秧爪接收顶出的秧苗（"接"）

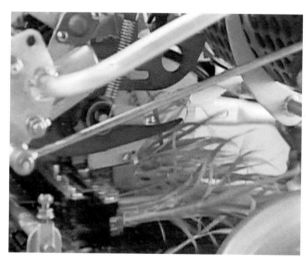

送到旋转滑动带（"落"）

两侧的旋转滑动带自动两侧分秧（"送"）

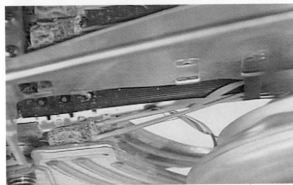

秧苗落入种植爪

种植棒将秧苗植入田土中（"插"）

3.钵苗机插过程的图示解析

整个栽植过程：作业时秧苗连同秧盘一同放入载苗台，纵向输送爪自动将秧盘推入种植部，再由推出棒推出钵苗（Ⅰ）。接苗器牢牢接住秧苗，并平稳落放在输送带上，左右输送爪以同步的速度将秧苗送入导向板（Ⅱ），再由种植爪完成栽插过程（Ⅲ）。通过变速机构的株距齿轮调换，以及栽植部浮舟的调整，实现水稻6行栽插且株距、栽插深度可调整的栽插过程。种植爪和种植鼓轮旋转轨迹见示意图第Ⅳ部分。

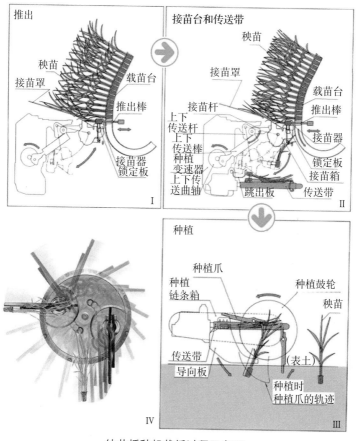

钵苗插秧机栽插过程示意图

三、水稻机插钵苗育秧技术

（一）壮秧标准

江苏及同类地区麦（油）稻两熟制条件下的单季稻钵苗，适宜秧龄25~30d，叶龄4.5~5.0叶。在育秧季节气温偏低地区或稀播并配套严格的旱育化控等措施的，秧龄还可适当延长；在南方双季稻区晚稻育秧，由于气温较高，故秧龄则必须适当缩短。

适宜机插壮秧的苗高控制在15~20cm，单株茎基宽0.3~0.4cm，单株绿叶数≥4.0，叶色4.0~5.0级；平均单株带蘗0.3~0.5个；根系发达，单株白根数13~16条，单株发根力5~10条；百株地上部干重8.0g以上，无病斑虫迹，秧根盘结好，孔内根土成钵完整，钵体苗重5g左右。

成苗孔率，常规稻≥95%，杂交稻≥90%；平均每孔苗数，常

成苗孔率≥90%

壮　苗

规粳稻3～5苗(穗数型、中穗型品种平均4～5苗，大穗型品种3～4苗)，杂交稻2～3苗（杂交籼稻2苗，杂交粳稻2～3苗）。

植株带蘖率，常规稻30%左右，杂交稻50%左右。秧盘间、孔穴间的苗数、苗高以及粗壮度整齐一致。

整个育秧过程的核心即是培育出符合上述指标的壮秧。培育出标准化健壮秧苗，是实现机械精确栽插，促进大田早发争足穗与壮秆大穗的基础。秧苗在秧盘内生长的好坏，不仅影响正在分化发育中的根、叶、分蘖等器官的质量，而且还对移栽后的发根、返青、分蘖，乃至穗数、粒数的形成都有极大的影响。

秧　田

秧盘中的健壮秧苗

壮秧叶挺苗健，叶色深绿，基茎较宽，并带有分蘖。壮秧根量大、根粗壮、白根多，弱秧根量小、根细、发黄。

壮、弱秧苗对比

壮、弱秧苗根系对比

（二）壮秧培育技术规程

1.种子处理与催芽

（1）品种选用与晒种选种　选用适合当地机械种植方式的高产、优质、高抗品种。确保种子质量达国家二级以上标准，纯度98%以上，发芽率95%以上。

选种前晒种2~3d，以提高种子发芽率和出苗率。稻种要经过机械精选，去芒和枝梗，去瘪留饱，缩小种子间质量差异，使种子萌发整齐，幼苗健壮。可采用泥水比重法选种，泥水比重1.10(鲜鸡蛋浮出水面2分硬币大小)。选种后必须用清水淘洗2遍。

（2）消毒与浸种　为了避免种子带菌到大田侵染和传播，例如稻瘟病、恶苗病或其他病原菌，经过选种后还要消毒，以消灭附在种子表面或潜伏在稻壳与种皮之间的病菌。选种后每5kg种子用25%施保克（主要防治稻瘟病、恶苗病）3ml（2 000倍液）＋10%吡虫啉（主要防治蚜虫、飞虱、蓟马）10g（600~800倍液）；或每5kg种子采用25%施保克2ml＋4.2%浸丰2ml＋10%蚜虱净4g对水配成2 000倍液。加清水9～10kg，浸种60～72h。

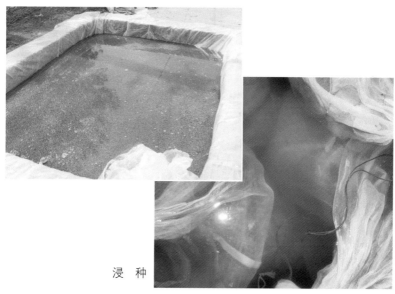

浸　种

（3）催芽　为使浸种后充分吸足水分的种子发芽均匀整齐，最好以适温催芽。用通气透水性好的器具装种，上盖稻草或毛巾，一般温度控制在30~35℃，催芽10h左右；也可用专用水稻种子催芽机具。播种前要求种子达到刚"破胸露白"，发芽率95%以上，芽长不超过1mm。

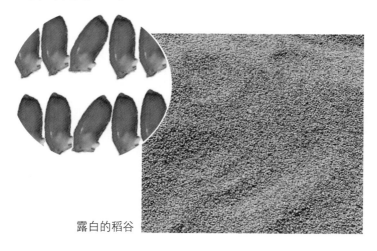

露白的稻谷

2. 苗床准备

（1）秧田选择　选择地块平整、土质肥沃、运秧方便、灌排水条件好的旱地，按照秧田与大田比留足秧田，常规稻秧田与大田比为1：50，杂交稻秧田与大田比为1：60。秧田必须适当提前耕翻、晒垡、碎土。

秧田选择　　　　　　　　　　耕翻碎土

（2）营养土配制　营养土配制的好坏直接关系到秧苗素质。取大田表层土晒干，用5目细眼筛子过筛，打碎土块，筛除杂物。常规稻按每亩70kg备足营养土，杂交稻每亩60kg，每盘用土量约1.5kg。在水稻育秧过程中使用壮秧剂，能起到供肥、调酸、控

营养土过筛　　　　　　　　　均匀拌和壮秧剂

高、防病、提高秧苗素质等作用。每100kg细土加海安产"龙祺"牌壮秧剂0.5kg，严格控制用量，并与营养土充分拌匀，以防壮秧剂使用不匀而伤芽伤苗。

（3）秧田培肥　育秧前20d，一般用无机肥培肥，参考用量：每亩秧田施用氮、磷、钾高浓复合肥（氮、磷、钾总有效养分含量≥40%，比例分别为19%、7%、14%）50~70kg或用尿素20~30kg、过磷酸钙40~80kg、氯化钾15~30kg，具体用量视取土田块的地力水平而定。均匀施肥后及时翻耕。

（4）秧田整地与秧板制作　育秧前10d上水整地，以薄水平整地表，无残茬、秸秆和杂草等，泥浆深度达到5~8cm，田块高低差不超过3cm。经过2d的沉实后排水晾田，开沟作畦，要求畦面平整。根据钵盘尺寸规格，畦宽1.6m、畦沟宽0.35~0.4m、沟深0.2m，做到灌、排分开，内、外沟配套，能灌能排能降。并多次

整平秧板

上水整田验平，高差不超过1cm。

（5）铺设切根网　为了防止钵苗根系在起秧时粘连秧板而影响起秧与机插，因此在秧盘下面铺一层纱网（网孔直径<0.5mm），即切根网。

秧板上铺设切根网

3.播种

（1）播期　根据"宁可田等秧，不可秧等田"的原则，在确保水稻安全齐穗、灌浆结实不受秋季低温危害的前提下，一般根据移栽期及大田让茬时间、大田耕整与沉实时间等，按照秧龄25~30d推算播种期。江苏水稻移栽期，苏南一般为6月8~15日，苏中6月10~17日，苏北6月15~22日。如在25d与30d秧龄下，江苏各地适宜播期见表1。

表1　江苏各地水稻适宜播期(月/日)

秧龄（d）	苏南	苏中	苏北
25	5/14~21	5/16~23	5/21~28
30	5/9~16	5/11~18	5/16~23

30d 适龄壮秧

40d 超龄秧苗

（2）播种量　实践中，适宜的播种量关键在于精确地控制每盘的播种量。因为要培育壮秧，不同类型的品种平均每孔的适宜苗数是不一样的。因此，每张钵盘播种量（干种重）根据壮秧标准每孔成苗数和千粒重而定，不同千粒重类型品种播种量见表2。常规粳稻平均每孔适宜4苗（即3~5苗），因此每孔播种5~6粒为宜，每盘播干种量66~73g（千粒重27g）；杂交粳稻每孔适宜2~3苗，每孔播种3粒为宜，每盘适宜播量35g（千粒重26g）；

而杂交籼稻每孔适宜2苗，每孔播种2～3粒为宜，每盘适宜播量22～34g（千粒重25g）。

生产上，一般常规稻采用株距12cm，亩插理论穴数1.68万穴，需秧盘约40张；杂交粳稻采用株距14cm，亩插1.44万穴，需秧盘约35张；杂交籼稻可采用株距16cm，亩插1.26万穴，需秧盘约30张。不同类型品种精确确定了大田栽培的适宜用秧盘数与培育壮苗每穴对应的适宜播种量，即可准确得出每亩田的需种量。

表2 不同千粒重类型品种播种量（g/盘）

千粒重(g)	常规粳稻	杂交粳稻	杂交籼稻
25	61~67	34	22~34
26	64~70	35	23~35
27	66~73	36	24~36
28	68~75	37	25~37

常规粳稻每孔播种4～6粒

杂交粳稻每孔播种2～3粒

（3）播种 播前严格调试播种机，使钵内营养底土厚度稳定达到2/3孔深；按不同类型水稻品种壮秧标准选择机器播量（平均每孔实际播种粒数），精播匀播；盖表土厚度不超过盘面，以不见芽谷为宜。摆盘前畦面铺细孔纱布（网孔面积<0.5cm×0.5cm），以防止根系窜长至底部床土中。播种后可直接将塑盘沿秧盘长度方向并排对放于畦上，盘间紧密铺放，秧盘与畦面紧贴不能悬空。

秧盘准备

一般常规稻每亩用秧盘40张，杂交稻每亩用秧盘30～35张。

准备育秧盘

钵苗育秧盘

准备足量营养土

营养土

准备种子

将刚破胸的种子晾干表皮水分，等待流水线播种作业。

种　子

播种机上摆放秧盘

盘孔内装营养土

箱斗装上营养土

钵孔内装填底土为孔高的2/3

清扫盘土的刷子

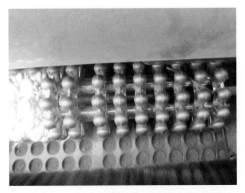

镇压轮

播种

种箱装上种子

种子播在孔内底土上，用压种轮适度压实

播种后传输中的秧盘待盖土

盖土

盖土

扫除盘面土

播好种的秧盘

4.播种后秧盘运送与摆盘

应用三叉搬运器方便秧盘搬运。

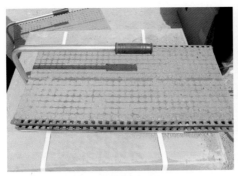

放入三叉取盘器的秧盘　　　　运秧盘

机械运送秧盘

在秧板上摆盘，要求摆平、摆齐。为使秧盘与苗床紧密接触，可在摆好的秧盘上放置木板适度踩压，也可在铺好无纺布后再镇压。

摆盘整齐

镇压秧盘，使盘底与秧板紧贴

5.覆盖无纺布或塑料薄膜

为防止出苗后芽尖顶出无纺布，应铺置适量麦秆或竹片使盘面上方留出间隙，再盖无纺布，盖严、四周压实；也可用塑料薄膜替代无纺布，塑料薄膜上加盖麦秆，遮阴降温，确保膜内温度控制在35℃以下。

（1）无纺布覆盖育秧

播好的秧盘覆上无纺布

（2）塑料薄膜覆盖育秧

塑料薄膜、麦草覆盖育秧

（3）无纺布和塑料薄膜相结合　先盖无纺布，再盖薄膜，无纺布和薄膜结合，既保湿又保温。

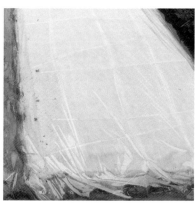

无纺布叠盖薄膜育秧

（4）塑料薄膜和遮阳网结合　先覆盖塑料薄膜，再覆盖遮阳网。

薄膜叠盖遮阳网育秧

（5）标准大棚育秧

大棚育秧

6.覆盖后立即浸水

在覆盖无纺布或薄膜后，应立即灌1次平沟水，水深不超过盘面，使盘孔土充分湿润后立即排出，以确保不渍水闷种。

充分洇水，但不渍水闷种

7. 秧田管理

根据钵苗生理特性和形态特征可将秧田秧苗概括为3个时期，依次采取相适宜的管理措施。

（1）播种到2叶期

主攻目标：扎根立苗，防烂芽，提高出苗率与出苗整齐度。关键是协调水气之间的矛盾，确保盘孔土壤有充足的氧气与适宜的水分供应，促进扎根立苗。

主要措施：湿润灌溉。在覆盖无纺布、塑料薄膜和遮阳网后盘面不能缺水发白，如果补水可灌"跑马水"，做到速灌速排，始终保持土壤湿润状，既不渍水也不干燥。

齐苗后(1叶1心期) 即可揭膜，揭膜时间应选择晴天傍晚或阴天上午，避免晴天烈日下揭膜，以防伤苗。揭膜后浇灌揭膜水，以弥补盘内水分不足，做到速灌速排。

揭　膜

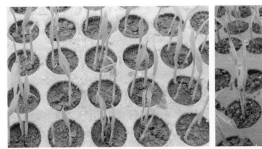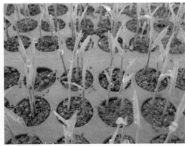

1 叶1 心期秧苗

有些地区揭膜后，为防虫害，及时覆盖防虫网。

铺设防虫网

（2）2叶期到4叶期

主攻目标：促壮苗，保证4叶期长粗，并有分蘖。关键在于及时补充营养，促进由"异养"转入"自养"。

主要措施：早施"断奶肥"，水分管理以旱管为主，湿润灌溉相辅。断奶肥于揭膜后2叶期施用，按每盘4g复合肥于傍晚撒施。复合肥氮、磷、钾总有效养分含量≥40%，比例分别为19%、7%、14%。施肥后用喷壶轻洒清水，防止烧苗。盘面发白、秧苗中午发生卷叶时，应于当天傍晚补水，速灌速排。

为防止秧苗旺长，控制秧苗高度不超过20cm以适应栽插，2叶期每百张秧盘可用15%多效唑粉剂6g对水喷施，喷雾要均匀、细致。如果使用时秧苗叶龄较大或因机栽期延迟导致秧龄较长，均需要适当增加用量。

1叶1心期化控

不同化控秧苗对比

A.化控过重壮秧　B.化控适宜壮秧　C.化控一般秧苗　D.未化控秧苗

化控与未化控秧苗

化控过重的秧苗

3叶期秧苗

（3）4叶期到移栽

主攻目标：提高移栽后的抗植伤力和发根力。关键在于提高苗体的碳氮营养含量，以控水健根壮苗。

主要措施：施好送嫁肥，注意控水。送嫁肥于移栽前2~3d施用，每盘用复合肥5g。即使盘面发白，只要秧苗中午不发生卷叶就不必补水。补水方法可用喷壶洒水护苗，如育秧面积过大，亦可灌跑马水，但应做到畦面无积水。移栽前1d适度浇好起秧水，起盘时还应注意防止损伤秧苗。

4叶期壮秧

（4）病虫防治　密切注意地下害虫、飞虱、稻蓟马及恶苗病、苗瘟等苗期病虫害的发生。揭膜后每隔2d，用药防治灰飞虱1次，每亩用48%毒死蜱80ml加10%吡虫啉10g，于傍晚前均匀喷雾。移栽前喷施杀虫剂，做到带药移栽。

苗期打药

8.育秧过程中常见问题及应对措施

实践证明，育秧好坏直接决定了钵苗机插大田栽培的成败。各地必须根据当地的气候、耕作制度、水稻品种以及其他栽培条件的不同，具体明确当地的壮秧指标与标准，因地制宜制定切合当地条件壮秧培育的具体步骤与操作规程，以方便技术人员与育秧人员依照实施。在具体实施过程中，从前期苗床准备、品种选用、种子处理到播种及秧田管理，都应一环扣一环，每个环节务必落实到位。但由于受其他栽培方式育秧技术的影响，以及钵育苗技术上要求较高，使得有些地方操作规程不能完全实施到位，加上育秧过程中常遇到不利的天气状况，育秧失败的现象时有发生，对钵苗机插及大田生产带来严重不利影响。为此，以下针对性分析了一些地区钵苗育秧失败的主要原因，并就存在的问题提出了应对措施。

（1）农膜覆盖不当　生产上常使用塑料农膜覆盖苗床，育苗期膜内温度上升快而高，为了避免揭膜通风麻烦费工，一般需要加盖稻草遮阳降温。但有些地区因揭膜不及时或遇高温天气揭膜通风不到位，造成不同程度的烧苗；另外，持续阴雨天气排水不及时，苗床湿度过大还会出现霉种烂芽现象。少数地方还因盘面上直接覆盖膜草过重，压制幼苗破土和出苗不齐，甚至造成膜内

高温烧苗等导致出苗严重不齐

盘孔闭塞缺氧而引发大面积不出苗。

建议使用水稻育秧专用无纺布代替农膜，可有效避免上述问题的出现。无纺布覆盖育秧采用单幅覆盖，只要不出现持续30℃以上的障碍性高温及淹水情况，齐苗前就不必揭布。已有研究和生产实践表明，无纺布育秧利于培育出整齐、无病害的健壮秧苗，成苗率高。值得注意的是，无纺布通气透水，保温保湿效果远不及农膜。因而对于早播苗床，如温度过低，可在无纺布上加盖农膜辅助增温以加快出苗，待出苗后及时撤除。给苗床补水时，用喷壶直接在布上喷洒即可。齐苗后揭布。

无纺布覆盖出苗整齐

（2）化控剂施用不当　钵育苗秧龄较长，为控制秧苗高度以适应机械栽插，2叶期要求对株高进行化控。目前常用的化控制剂为多效唑或烯效唑，用量适当，气候适宜时，有良好的控制秧苗徒长的效果及促进植株矮壮的功能。如果使用量大，喷施不均匀，苗床上则出现众多点块，状秧苗长势缓慢，稻叶深绿，甚至出现过于矮化的畸形苗。出现这类情况，目前还没有有效的解药，只能靠多浇水来稀释药的浓度，或适当喷施植物生长调节剂和增施氮肥来促进生长。因此，对于化控剂的使用，一定要严格控制用量和浓度，喷施均匀。

化控不均匀导致秧苗生长不平衡

未化控秧苗

（3）恶苗病　水稻恶苗病显著特征为病苗比健苗高 1/3 或更多，叶片呈淡黄色。病苗一般不分蘖，很少抽穗或抽穗后不结实。发现病苗应及时拔除，并远离秧田埋入土中。

恶苗病的侵染来源主要为带病稻种，因此使用药剂浸种消毒是防治恶苗病最经济有效的方法。如何具体应用请参阅本书前面介绍的"壮秧培育技术规程"中的相关内容。

未药剂浸种

药剂浸种不到位

（4）旱育秧肥害　考虑到旱育秧苗床偏干燥的特点，使用的肥料应选用优质尿素或复合肥为最佳，不能施用易挥发性的肥料。同时也不能直接撒施，应采用肥水喷浇的方式，防止因肥料浓度过高而灼伤叶片或烧苗。时间上要求在傍晚追施，用肥量和用水量要严格控制，也要防止用水过多而削弱旱育秧生理优势。若采用肥料直接撒施，施后必须立即喷水，要求施肥、浇水必须均匀。

施肥不均致使秧苗生长不平衡

（5）超秧龄　钵育秧苗较毯状苗有长秧龄优势，江苏地区一般为25~30d，通过化控、旱育等措施还可延迟栽期至35d左右。但如果播种过早或前茬小麦、油菜熟期推迟仍会造成超秧龄。另外，迟播会因秧田期温度高，生长速度快，又遇到长时间阴雨天气而不能及时移栽，也易造成超秧龄。超龄秧苗控制了分蘖，茎粗停止增长，单位苗高干重严重下降，根系生长不良，秧苗形态纤细柔弱，已不适宜栽插。因此，适栽期应视秧田期温度、水肥情况与秧苗叶龄及高度等而定，而不是机械地按天数确定适龄。一般最大秧龄可控制在平均叶龄5.5叶，苗高不超过20cm。

40d的超龄秧苗

（6）窜根　盘面上留有种子和营养土以及灌水漫过盘面等情况下，秧苗在盘孔之间易发生窜根现象，形成根系在盘面上相互缠绕，影响栽插质量。为防止窜根，播种机盖土后秧盘孔缘应清晰可见，清除盘面多余的营养土和种子，运盘、摆盘应该避免剧烈晃动，秧盘在畦面上应放置平整。育秧期间一般不在盘面之上建立水层，以防盘面沉积淤泥造成窜根。此外，盘孔中谷粒过多和秧龄过长，也会造成秧根向上生长而导致窜根。因此，要定量精确匀播，适龄移栽。

秧盘钵孔面上土过多易窜根

一般说来，只要严格按照壮秧培育技术规程并实施到位，上述诸多问题都能得到有效解决。总之，在钵苗机插生产实践中，一定要千方百计地抓住标准化壮秧培育这个根本，以便掌握生产主动权，再配套精确定量大田栽培技术，即可稳靠地夺取高产甚至超高产。

四、大田钵苗机插高产栽培技术

（一）整地与移栽

1. 整地

目前生产上一般有先灌水浸透秸秆土壤后水整地与旱地秸秆还田耕翻埋茬后再浸水整平的两种基本方式。

（1）灌水浸透秸秆土壤后整地方式　秸秆还田的田块，整地前先把秸秆均匀分开，然后撒施基肥。

均匀分布秸秆

撒施有机肥

灌水使秸秆、土壤全面浸透，带薄水机械埋茬整地

坚持薄水机械耥平

（2）旱地秸秆还田耕翻埋茬后灌水整平

秸秆均匀分开

旱地条件下中大型拖拉机灭茬旋耕
埋秸秆

机械旱整地

上水浸泡，并在耙耱前施底肥

手扶拖拉机耙
耱平整

中大型拖拉机薄水耙耱平整

　　无论哪种方法整地，土壤平整后均需在薄水层下适当沉实，沙土沉实1d，壤土沉实1～2d，黏土治实2～3d。

薄水沉实土壤

2.精确定量基本苗和机械栽插

（1）合理确定基本苗与栽插规格　足够适量的穗数是高产的基础，在行距33cm条件下一般应缩小株距，因水稻品种不同而分别选用12cm、14cm或16cm株距。常规粳稻一般采用株距12cm，亩插1.68万穴，每穴3～5苗，亩基本苗6万～7万；杂交粳稻采用株距14cm，亩插1.44万穴，每穴2～3苗，亩基本苗3万～4万；籼型杂交稻，可采用株距16cm，亩插1.26万穴，每穴2～3苗，亩基本苗3万左右。

（2）机械栽插　将盘秧装在运送机器上，实现秧苗的长距离运送。也可利用秧架一次装多张秧盘，方便秧苗的装运。

机械运送秧苗

运秧架

小型手持式秧架　　　　　　LSPF-3钵苗抓秧器

　　根据地块间距及机械作业效率，合理安排运秧车辆及秧苗供应量，应做到起秧、运秧与栽秧速度协调，防止运秧及栽插不及时，造成秧苗失水萎蔫，严重影响栽插与活棵。调整好株距，达到栽插行直不漏穴，接行准确，插深一致，把栽深控制在2.5～3.0cm范围内。

单人乘插秧机作业

双人乘插秧机作业

双人乘插秧机作业

钵苗机插秧苗整齐有序

防止因土壤沉实不够，栽插偏深、行走不直、接行不准的现象发生。

土壤沉实不够、栽插偏深、行走不直、接行不准

土壤过烂糊严重影响栽插质量

栽插过深的苗

接行不直与栽插漏穴

秸秆还田不均、埋茬不深，严重
影响栽插质量

（二）肥料精确施用

高产栽培必须根据水稻目标产量及稻田土壤肥力，因种因土精确施肥。从以往精确定量实践来看，江苏在麦茬中等或中等偏上土壤上，确定每亩目标产量700kg，一般常规粳稻每亩施纯氮19～20kg，杂交粳稻17～18kg，杂交籼稻15～16kg。氮（N）、磷

（P）、钾（K）肥配比为1∶0.5∶0.8。在前茬小麦秸秆全量还田条件下，氮肥基蘖肥与穗肥适宜用量比例为7∶3，有利于发挥低位分蘖生长优势。钵苗虽缓苗期短，早发快长优势强，但基本苗相对较少，因此必须提高有效蘖发生率以满足高产所需穗数，故应早施重施分蘖肥，一般在栽后3～5d适当重施。钵苗群体内行距大，高峰苗量低，不仅个体生长相对粗壮，而且冠层通风透光条件好，因而生育中后期施肥在于集中施好促花肥，一般应在倒4叶或倒3叶期施用，既有利于巩固有效分蘖成穗，又促进壮秆大穗形成。

磷肥一般全部作基肥使用；钾肥则50%作基肥、50%作促花肥施用。

耕整地前施基肥

粗整地后施基肥待耙平

栽后3~5d早施分蘖肥

倒4叶或倒3叶施用促花肥

（三）水分精确调控

根据水稻高产形成的动态需水特点，按生育进程有序实施以下节水灌溉模式：

（1）薄水栽秧　将田整平沉实，田间见水，但全田有土壤均匀地露出水面，形成花斑状的不完全水层，即70%～80%田面在水下，20%～30%田面均匀分散地露出水面。做到无成片田面在水上，更无成片的深水低洼地段。

（2）活棵分蘖期　以浅水层为主，促进有效分蘖早生快发。秸秆全量还田条件下，在活棵期间多次露田以增氧解毒，促根防僵苗。

（3）够苗至拔节期　分次轻搁田，即全田茎蘖数达到高产设计穗数值的80%～90%时，开始自然断水搁田，通过分次轻搁，使全田土壤沉实，田中土壤不陷脚，稻株叶片挺起，叶色褪淡显黄。

（4）拔节后至抽穗扬花期　水稻不仅需水量大，而且土壤中根系发育需氧气也多，因此采取"水层—湿润—落干"过程反复交替、以湿为主的水氧协调管理方法。

（5）灌浆结实期　采取"盖土面浅水—湿润—落干"过程反复交替、以落干为主的水气协调管理方法，直到成熟前7d断水落干。

薄水机插

机栽后寸水活棵

分蘖期浅水灌溉

够苗至拔节期轻搁田

拔节至抽穗扬花期水—湿—干交替，以湿为主

收获前7d断水

（四）加强病虫害防治

在做好病虫综合防治中，特别强调前期应防治好灰飞虱、条纹叶枯病、黑条矮缩病，中后期防治好纹枯病、各种螟虫及稻曲病、褐飞虱等病虫害。

小型喷雾器喷药

机械喷雾器喷药

飞行器喷药

五、水稻钵苗机插广阔的 应用前景

　　水稻钵苗机插利于在稳定穗数的基础上，主攻壮秆大穗，达到足穗与大穗的协调，较稳靠地实现大面积高产或创造超高产。因此，它是实现水稻机械化高产精确定量栽培的发展方向。近几年来在我国南方单季稻地区如江苏、安徽、四川、湖北等地，双季稻地区如江西、湖南等地，东北寒地稻区黑龙江等地均已示范应用，并获得显著的增产效果，展示出美好的发展前景。

常规粳稻钵苗机插成熟期丰产结构

杂交粳稻钵苗机插成熟期丰产结构

　　要发挥钵苗机插优势，使这种先进机械与精确农艺得到因地制宜的推广，并在我国水稻生产上形成亮点，发挥重大作用，就必须确保钵苗机插栽培的高产、超高产。应结合国家"粮食丰产科技工程"、水稻"高产创建"、"增产模式"与超级稻示范推广等项目，搞好不同层次的百亩、千亩连片钵苗机插水稻（超）高产栽培攻关与示范，以过得硬的样板田展示技术的科学性、先进性和适用性，使技术人员与农民看得见、摸得着和道得明，既方便大家参观学习，又利于扩大技术影响，从而有效地带动大面积示范推广。